目 次

前言 .... Ⅲ
1 范围 1
2 规范性引用文件 1
3 术语和定义 1
　3.1 生态地质 eco-geology 1
　3.2 生态地质探测 eco-geological detection 2
　3.3 电阻率法 resistivity method 2
　3.4 电磁法 electromagnetic method 2
　3.5 地质雷达法 ground penetrating radar（GPR） 2
　3.6 弹性波法 shallow seismic 2
　3.7 测井法 logging 2
4 基本规定 2
　4.1 应用范围 2
　4.2 应用条件 2
5 技术设计 3
　5.1 设计准备 3
　5.2 方法有效性试验和分析 3
　5.3 工作精度 4
　5.4 设计书编写 4
　5.5 设计书审批与变更 4
6 探测方法 5
　6.1 方法选择 5
　6.2 直流电法 6
　6.3 电磁法 7
　6.4 弹性波法 8
　6.5 测井法 10
　6.6 高精度磁法 11
　6.7 高精度重力法 11
　6.8 放射性测量法 11
7 野外质量检查、评价与验收 11
　7.1 原始资料的整理 11
　7.2 野外质量检查 11
　7.3 野外质量评价 12

DB42/T 2011—2023

7.4 野外质量验收	12
8 报告编写	12
8.1 基本要求	12
8.2 报告	13
8.3 图件、附件及附表	13
8.4 资料汇交	14
附录 A（资料性） 生态地质探测方法选择	15
附录 B（资料性） 生态地质探测误差统计计算表	18

前 言

本文件按照 GB/T 1.1—2020《标准化工作导则 第 1 部分：标准化文件的结构和起草规则》的规定起草。

请注意本文件的某些内容可能涉及专利。本文件的发布机构不承担识别专利的责任。

本文件由湖北省地质局地球物理勘探大队提出。

本文件由湖北省自然资源厅归口。

本文件起草单位：湖北省地质局地球物理勘探大队、武汉市测绘研究院、湖北省地质调查院、湖北省地质环境总站、湖北省地质局第四地质大队、湖北省神龙地质工程勘察院有限公司、湖北神龙工程测试技术有限公司。

本文件主要起草人：刘志良、李成香、陶良、蒙核量、张娅婷、胡元平、李朋、熊志涛、彭慧、刘劲松、赵红磊、刘磊、徐元璋、全浩理、唐宝山、周巍、刘宇翔、艾启胜、王瑞杰、叶茂盛、曹建伟、田成富。

本文件实施应用中的疑问，可咨询湖北省自然资源厅，联系电话：027-86656061；邮箱：441956313@qq.com。对本文件的有关修改意见和建议请反馈至湖北省地质局地球物理勘探大队，电话：027-84239489；邮箱：g200@hbwht.gov.cn；地址：武汉经济技术开发区沌阳街联城路108号；邮政编码：430056。

生态地质探测技术规程

1 范围

本文件规定了生态地质探测的基本规定、技术设计、探测方法、野外质量检查、评价与验收、报告编写等主要工作环节的技术要求。

本文件适用于生态地质调查项目涉及的地下结构、地质构造、地质环境、地质灾害、地下水、地表水等方面的地球物理探测工作。

2 规范性引用文件

下列文件中的内容通过文中的规范性引用而构成本文件必不可少的条款。其中，注日期的引用文件，仅该日期对应的版本适用于本文件；不注日期的引用文件，其最新版本（包括所有的修改单）适用于本文件。

GB/T 14499　地球物理勘查技术符号
GB/T 18314　全球定位系统（GPS）测量规范
GB/T 39399　北斗卫星导航系统测量型接收机通用规范
CJJ/T 7　城市工程地球物理探测标准
DD 2019-09　生态地质调查技术要求（1:50 000）（试行）
DZ/T 0070　时间域激发极化法规程
DZ/T 0071　地面高精度磁测技术规程
DZ/T 0073　电阻率剖面法技术规程
DZ/T 0081　自然电场法技术规程
DZ/T 0153　物化探工程测量规范
DZ/T 0170　浅层地震勘查技术规范
DZ/T 0171　大比例尺重力勘查规范
DZ/T 0187　地面瞬变电磁法技术规程
DZ/T 0391　地球物理勘查基本术语
EJ/T 363　地面伽玛能谱测量规范
EJ/T 605　铀矿勘查氡及其子体测量规范
SY/T 5249　地面液压驱动可控震源

3 术语和定义

下列术语和定义适用于本文件。

3.1 生态地质 eco-geology

主要研究各种生态问题或生态过程的地质学机理、地质作用过程及背景条件。

3.2 生态地质探测 eco-geological detection

采用专门地球物理仪器设备采集信号,通过分析、处理、提取相关信息,经反演获得地下生态地质特征的方法。

3.3 电阻率法 resistivity method

以介质电阻率差异为基础,采用一定电极装置,供以稳定电流或可以忽略电磁效应的超低频交变电流,观测供电电流强度和测量电极之间的电位差,进而计算和研究视电阻率,推断介质的电阻率变化,以研究有关地质问题的勘探方法。

3.4 电磁法 electromagnetic method

根据不同频率电磁波的特点,利用人工电磁信号与天然电磁信号,测量电磁波在地下介质中传播的时间域或频率域响应,达到探测地下目标体分布特征的一种方法。

3.5 地质雷达法 ground penetrating radar(GPR)

利用地质雷达发射天线向地下发射高频脉冲电磁波,由接收天线接收目标体的反射电磁波,探测目标体分布特征的勘探方法。

3.6 弹性波法 shallow seismic

利用地震波的原理,对地下具有波阻抗差异的地层或构造等目标体进行探测的一种方法。

3.7 测井法 logging

在钻孔或探井中,采用地球物理方法,以测量钻孔或探井周围介质物理特性的探测方法。

4 基本规定

4.1 应用范围

4.1.1 用于探测生态地质的地层结构,包含地壳表层结构、风化壳结构和包气带结构的探测。
4.1.2 用于探测生态地质的地质构造。
4.1.3 用于探测生态地质的地质环境、地质灾害。
4.1.4 用于探测生态地质的地下水特征。

4.2 应用条件

4.2.1 目标体与周围地层存在明显物性差异。
4.2.2 目标体有足够的尺寸能在地表引起可分辨的异常,或能引起可分辨的地球物理响应强度。
4.2.3 场地无地球物理信号干扰,或干扰可被消减、压制。
4.2.4 地形、地貌和场地条件满足探测工作测线测点布设的基本要求。

5 技术设计

5.1 设计准备

5.1.1 资料收集

资料收集应包含下列内容：

a) 地质资料：收集测区相关的生态地质调查、地质平面图、地质构造图、水文地质图、地质钻孔柱状图、遥感图像解译等资料。
b) 地球物理资料：收集测区相关的地球物理资料，包括以往物探勘探资料、物性测试资料、测井资料等。
c) 测绘资料：收集测区相关的测绘资料，包括测量控制点、测绘平面图等。

5.1.2 野外踏勘

5.1.2.1 应在设计前到生产测区进行野外踏勘。

5.1.2.2 野外踏勘主要内容：

a) 调查测区内交通网。
b) 查看测区地形地貌，为探测的测线测点布设做好准备。
c) 开展影响安全施工的危险源调查。
d) 调查测区内经济、人文地理等实际情况，并对开展野外工作所需要的基本保障条件进行详细的了解。
e) 核查收集到的地质、物探、物性及测绘等资料。
f) 调查测区探测方法的噪声干扰源特征，如采用电磁法需调查电网、变电站等电磁干扰源，采用弹性波法需调查震动干扰源等。

5.2 方法有效性试验和分析

5.2.1 方法有效性试验

5.2.1.1 技术设计前或开工初期应安排必要的技术试验，以确定最佳探测技术参数。探测技术试验剖面应符合以下条件：

a) 技术试验剖面应选择在地质情况比较清楚、有代表性的地段。
b) 试验剖面应选择在地形平坦、地质条件相对简单的区域。在条件许可时，试验剖面宜穿越或靠近已知地质剖面上的钻孔位置。

5.2.1.2 技术试验内容包括：

a) 探测装置：依据工作目的要求，一般应选择多个装置或观测系统进行观测结果对比试验，确定最优装置或观测系统。
b) 探测深度：根据现场条件，进行探测深度试验，应确定方法的有效探测深度。
c) 探测范围：根据现场条件，确定有效探测范围。
d) 探测的技术参数：应根据现场条件和工作目的要求，试验和确定方法的极距、天线、场源等技术参数。

5.2.2 探测有效性分析

5.2.2.1 应详细分析与评价仪器探测的有效深度、纵横向分辨率，综合判定探测方法的有效性，确定探测方法最优组合方式。

5.2.2.2 应根据探测目标体的特点,在方法有效性的基础上,分析并确定每种仪器设备、工作装置等的探测技术参数。

5.3 工作精度

5.3.1 工作精度应根据勘查任务、地形条件、干扰条件、探测深度及其他因素进行设计。

5.3.2 工作精度采用均方相对误差来进行衡量。宜根据工作的比例尺选择测网大小或点线距,根据地球物理探测方法和行业规范确定均方相对误差。

5.4 设计书编写

5.4.1 设计书的编写应根据工作目的任务和测区实际情况,确定野外施工的测网和工作精度。

5.4.2 技术参数选择应根据方法有效性试验分析确定。在实际观测过程中,可根据探测特征进行合理调整。

5.4.3 测网选择应根据地质任务、工作性质、勘查对象和地形地貌合理选择,点线距根据比例尺的要求选定,应能良好反映生态地质体的尺度:

    a) 测线方向应尽可能垂直于探测生态地质目标体的走向。
    b) 测线尽可能与已知地质、物探、钻探勘查剖面重合。
    c) 测线、测点号编排采用相同规律,点线号按自西向东、自南向北增大的顺序编排。

5.4.4 设计书的内容根据项目的特点编写,应涵盖以下内容:

    a) 序言:简述项目来源、项目概况,测区的自然地理、经济地理概况。
    b) 任务与目的:工作任务、工作范围、比例尺、勘查目标体、实物工作量等。
    c) 以往工作成果和评价:简述与工作任务相关的地质、物探、钻探工作成果,以及对这些工作的评价。
    d) 执行的技术标准。
    e) 测区地质和地球物理特征:简述测区地质特点,包括地层、构造、水文地质及生态地质等;测区地球物理特征;应描述前期的方法有效性试验和探测有效性分析的成果,论证项目开展生态地质探测的地球物理前提条件。
    f) 方法技术、仪器设备、技术指标及质量要求:阐述要解决的具体生态地质问题,分析其合理性和有效性。阐述技术试验的结论。阐述野外工作方法技术的选择,包括测网的选择、测线测点的布置,仪器的性能及使用等要求;观测技术与质量;物性参数测定要求等。
    g) 工作部署:工作各阶段的安排、时间分配及主要时间节点。
    h) 安全生产、组织与管理:阐述人员安排、仪器设备,保证野外工作质量、工作安全和提高工作效率的技术措施。
    i) 数据处理和资料解释:阐述资料整理、数据预处理方法及要求,资料处理、解译的方法及成果资料质量的保证措施。
    j) 提交成果的内容及时间。
    k) 经费预算。
    l) 相关附图和附表。

5.5 设计书审批与变更

5.5.1 设计书应由管理部门或相关单位组织批准或审批,未经批准不得施工。

5.5.2 因客观条件的变化，无法按照设计书执行时，经过管理部门或相关单位组织批准或审批，根据实际条件对设计书进行调整。

6 探测方法

6.1 方法选择

6.1.1 根据调查区生态地质特征、调查规范、探测技术水平与可操作性，以及相关方法的成功应用案例，生态地质探测的主要探测方法有直流电法、电磁法、弹性波法、测井法、高精度磁法、高精度重力法、放射性测量法等。

6.1.2 生态地质探测的探测方法、物性参数、常用仪器设备及适用范围见表1。

表1 生态地质探测的探测方法、物性参数、常用仪器设备及适用范围

序号	探测方法	物性参数	常用仪器设备	适用范围
1	直流电法	电阻率、极化率	高密度电法仪、激电仪、多功能电法分布式采集工作站	①地层结构（第四系覆盖层结构、厚度；风化层厚度、分布、垂直分带；古河道、古潜山、古冲积扇；基岩面埋深及起伏形态、基岩地层结构）。 ②地质构造（断裂、破碎带、裂隙发育带）。 ③地质环境、灾害（滑坡；地面塌陷、地面沉降、地裂缝；崩岸、堤坝渗漏；采空区、地下洞穴；岩溶与土洞）。 ④地下水（含水层结构、岩性、埋深、厚度；含水破碎带）
2	电磁法	介电常数、电导率、电磁波速、吸收衰减系数	地质雷达仪、电导率成像系统（EH4）、瞬变电磁仪	①地层结构（第四系覆盖层结构、厚度；风化层厚度、分布、垂直分带；基岩面埋深及起伏形态、基岩地层结构）。 ②地质构造（断裂、破碎带、裂隙发育带）。 ③地质环境、灾害（滑坡；地面塌陷、地面沉降、地裂缝；崩岸、堤坝渗漏；采空区、地下洞穴；岩溶与土洞）。 ④地下水（含水层结构、岩性、埋深、厚度）
3	弹性波法	纵波速度、横波速度、密度、弹性模量、泊松比等	浅层地震仪、面波仪、微动仪	①地层结构（第四系覆盖层结构、厚度；风化层厚度、分布、垂直分带；古河道、古潜山、古冲积扇；基岩面埋深及起伏形态、基岩地层结构）
4	测井法	电阻率、介电常数、电位、电磁波速、纵波速度、横波速度、密度等	全波列测井、弹性波测井、电磁波测井、井中雷达	①地层结构（第四系覆盖层结构、厚度；风化层厚度、垂直分带；古河道、古潜山、古冲积扇；基岩地层结构）。 ②地质构造（断裂、破碎带、裂隙发育带）。 ③地质环境、灾害（滑坡；地面塌陷、地面沉降、地裂缝；采空区、地下洞穴；岩溶与土洞）
5	高精度磁法	剩磁、磁化率	质子磁力仪	①地层结构（基岩面埋深及起伏形态、基岩地层结构）。 ②地质构造（断裂、破碎带、裂隙发育带）。 ③地质环境、灾害（采空区、地下洞穴；岩溶与土洞）
6	高精度重力法	密度	高精度重力仪	①地层结构（基岩面埋深及起伏形态、基岩地层结构）。 ②地质构造（断裂、破碎带、裂隙发育带）。 ③地质环境、灾害（采空区、地下洞穴；岩溶与土洞）
7	放射性测量法	伽玛照射量、氡气浓度	伽玛射线测量仪、氡测量仪	①地质构造（断裂、破碎带、裂隙发育带）。 ②地质环境、灾害（滑坡；地面塌陷、地面沉降、地裂缝；采空区、地下洞穴；岩溶与土洞）

6.1.3 生态地质探测宜采用多种方法进行综合探测。由于不同方法探测精度和深度不同,在同时使用多种方法进行生态地质调查的探测时,应注意主次搭配。

6.1.4 针对不同调查对象采用适当的具体探测方法,参见附录A。

6.2 直流电法

6.2.1 适用条件

直流电法的适用条件:

a) 目标体与周围地层存在明显电阻率或极化率等物性差异。
b) 具备必要的接地条件。
c) 目标体以上地层无低阻屏蔽层。

6.2.2 测线测点布置和测量

直流电法测线测点布置和测量布置符合下列要求:

a) 确定测区范围时应考虑地形、地貌,兼顾施测方便,力求资料完整和测区边界规则。
b) 测网的覆盖范围要涵盖整个调查区,条件较好的地区应向调查区周边延伸,以了解调查区外围的状况,保证有足够的背景场衬托异常,保证异常的完整性。
c) 测线布置尽可能采用网格状方式布置,测线应尽量平行和垂直于目标物分布方向,并尽可能避免或减小地形和其他干扰因素的影响。
d) 测线宜采用直线布置,位置应尽量避免穿越河道、池塘等难以跨越的地方。
e) 结合探测区地貌以及生态地质可能分布深度的资料确定测线长度,方便野外探测设备的准备以及探测到目标物。
f) 直流电法应依据分辨率和探测深度确定合理的测点间距与电极间距。
g) 测线测点的测量应符合 GB/T 18314 或 GB/T 39399 的要求。

6.2.3 常用装置

直流电法常用的装置有对称四极装置、复合对称四极装置、联合剖面装置、偶极剖面装置、中间梯度装置、高密度电阻率法测量装置(排列)。高密度电阻率法常用测量装置有温纳装置、斯伦贝谢装置、二极装置及偶极装置。

6.2.4 电极距

野外数据采集应符合下列要求:

a) 电测深和电剖面法的最大供电电极距 AB 至少应为勘查目标物顶部埋深的 4～6 倍,测量电极距 MN 应不大于勘查目标物的顶部埋深。野外测定过程中,决定探测深度(z)的主要测定参数为:供电电极 A、B 之间的极距 L 和测量电极 M、N 之间极距 a,并与测定方式有关。
b) 高密度电法的电极距宜不大于 5 m。

6.2.5 数据采集

野外数据采集应符合下列要求:

a) 测量和记录测线的起止点和控制点坐标,并对测线附近的地形、地表建筑物等作适当描述。当地表高程差异明显,应测量各电极位置高程,进行地形校正。
b) 根据现场测量状况调整测定参数,采集数据。测定时工作人员应注意屏幕上各电极间的通电反应,必要时调整测定参数,重新测定。
c) 对于每个排列的观测,坏点总数不应超过测量总数的1%,对意外中断后的复测,应有不少于2个深度层的重测值。

d) 对二极和三极观测装置,应采集电压和电流值,数据处理时,应另行计算出视电阻率值;当远电极极距 OC 不满足 5 倍以上 OA 时,应在数据处理中进行远电极修正。
e) 现场观测时,应记录排列位置,并注明特殊环境因素的位置,同时应在草图上标明。

6.2.6 数据处理和资料解译

6.2.6.1 直流电法探测的数据处理和资料解译,应符合 DZ/T 0070、DZ/T 0073、DZ/T 0081 的要求。

6.2.6.2 直流电法探测的数据处理、资料解译和综合分析应充分结合生态地质调查的要求进行,应符合 DD 2019-09 的规定。

6.3 电磁法

6.3.1 方法选择

电磁法勘探可选用地质雷达法、瞬变电磁法、电导率成像法(EH4)等。

6.3.2 适用条件

电磁法的适用条件:
a) 被探测目标体或目标层与围岩之间存在明显的物性差异,如介电常数、电导率、电磁波速、吸收衰减系数等的差异。
b) 被追踪地层应具有一定的厚度,被追踪地质体具有一定的规模。
c) 测区内没有较强的游散电流、大地电流或电磁干扰。
d) 被探测目标层或目标体位于探测盲区以下。

6.3.3 测线测点布置和测量

测线布置应符合下列要求:
a) 同直流电法 6.2.2 中的 a)~e)。
b) 电导率成像法和瞬变电磁法测线应在目标体有 5 个以上的探测测点。

6.3.4 参数设置和数据采集

6.3.4.1 地质雷达法

6.3.4.1.1 参数设置

探测系统需设定的工作参数包括天线频率、时间采样间隔、时窗及叠加次数、滤波参数、增益参数、天线间距、天线移动间距等。

a) 天线频率:天线频率选择与目标体大小及所处深度有关。常见的天线频率有 25 MHz、40 MHz、100 MHz、200 MHz、500 MHz 和 1000 MHz 等可供选择。天线频率与探测目标大小和埋深之间存在相关的关系,建议在应用时进行实地试验,选择合适的天线频率。
b) 地质雷达法测量参数的采样间隔、时窗、叠加次数、采样频率、天线移动间距等应现场进行实地试验,选择合适的测量参数。

6.3.4.1.2 数据采集

地质雷达法进行生态地质探测工作时,应注意仪器屏幕接收天线的信号曲线形态,根据现场耦合状态调整测定参数,信号稳定时采集数据。

a) 应通过试验选择天线的工作频率,确定介电常数、电磁波的速度范围等;当探测条件复杂时应选择两种或两种以上不同频率的天线进行测试。
b) 应选择合适的时间窗口和采样间隔,并在数据采集过程中根据干扰情况及图像(或波形)效果及时调整测定参数。

c) 连续测量时,天线移动速度应均匀,并与仪器扫描速度相匹配;使用分离天线进行点测时,应调整天线距离使来自目标体的反射信号最强;使用偶极天线时,天线取向宜使电场的极化方向与目标体长轴或走向平行,当目标体长轴方向不明时,宜使用两组正交方向的天线分别进行观测。

d) 遇有干扰影响或处在异常点位置应及时在记录中予以标注,重点异常区应重复观测,重复性较差时,应查明原因。

6.3.4.2 瞬变电磁法

6.3.4.2.1 通则

根据工作条件和探测任务可选择使用重叠回线装置、中心回线装置、偶极装置、大定源回线装置等。场地电磁干扰较大时,宜采用反磁通法。

6.3.4.2.2 参数设置

参数设置应符合下列要求:

a) 应根据勘探深度,选择合适的关断时间、关断电流、时窗大小等。
b) 观测参数宜根据理论模拟和现场试验确定。

6.3.4.2.3 数据采集

数据采集应符合下列要求:

a) 现场观测值应在噪声电平以上。
b) 应在测区内均匀布置干扰水平观测点,并根据观测结果对全区按强、中、弱三级分区;应根据测点上的干扰水平选择叠加次数。
c) 曲线出现畸变时,应查明原因后重复观测,或加密测点。
d) 每个测点观测完毕,应对数据或曲线进行检查,确认合格后方可搬站。

6.3.4.3 电导率成像法(EH4)

6.3.4.3.1 电导率成像法可以采用传统单点测量,也可采用适合地面 2D、3D 连续张量式电导率测量。

6.3.4.3.2 电导率成像法宜加强高频讯号,增加采集数据的可靠性和提高分辨率。探测系统需设定的工作参数包括频率范围、冲量、电磁脉冲间距、时间窗口、叠加次数、滤波参数、增益参数等。

a) 频率范围:10 Hz～10 kHz。
b) 电导率成像法其他测量参数应现场进行实地试验,选择合适的测量参数。

6.3.5 数据处理和资料解译

6.3.5.1 电磁法探测的数据处理和资料解译,应符合 DZ/T 0187、CJJ/T 7 的要求。

6.3.5.2 电磁法探测的数据处理、资料解译和综合分析应充分结合生态地质调查的要求进行,应符合 DD 2019-09 的规定。

6.4 弹性波法

6.4.1 方法选择

弹性波法可选择使用浅层折射波法、浅层反射波法、瞬态面波法、微动勘探法、三维地震反射波法、水域地层剖面探测法和水域地震勘探法等。

6.4.2 适用条件

弹性波法的适用条件:

a) 目标体与周围地层存在明显波阻抗或速度差异。

b) 追踪地层应具有一定的厚度,且应大于有效波波长的1/4。
c) 探测断层时,应有明显的断距或破碎带。
d) 面波探测时,被探测地层与其相邻层之间、透镜体或不良地质体与其周边地层之间应存在大于20%的面波波速差异。
e) 水域探测时,水深范围3 m～1000 m。探测深度小于50 m可用浅地层剖面仪;探测深度小于200 m可用中地层剖面仪。

6.4.3 测线测点布置和测量

弹性波法测线测点布置和测量应符合下列要求:
a) 同直流电法6.2.2中a)～e)。
b) 折射波法沿测线被追踪地层的视倾角与折射波临界角之和应小于90°。
c) 浅层反射波法入射波能在界面上产生较规则的反射波。
d) 瞬态面波和微动勘探时,地面应相对平坦或坡面为单斜且起伏不大,并避开沟、坎等复杂地形和障碍物的影响。

6.4.4 震源要求

弹性波法可使用爆炸震源、可控震源、锤击震源、落重震源、电火花震源或天然微动震源等。震源的选择应符合下列要求:
a) 震源应有所选工作方法需要的主频地震脉冲,能量符合探测深度要求。
b) 可控震源的型号、技术要求、试验方法、检验规则、标志、包装、运输及贮存应符合SY/T 5249的要求。
c) 采用天然微动震源时,应通过试验确定场地具有相应探测精度和深度的主频及能量。

6.4.5 仪器

浅层折射波法、浅层反射波法、瞬态面波法仪器通道数不应少于12道;三维地震勘探仪器宜具有分布式功能或无线节点数据采集和存储功能。仪器的选择应符合下列要求:
a) 仪器采样率可选、最小采样间隔不大于0.05 ms,微动勘探仪器最小采样间隔宜分为1、2、4、10等若干挡。
b) 仪器动态范围不应低于120 dB,模数转换(A/D)的位数不宜小于20位。
c) 仪器放大器各通道的幅值偏差不应大于5%,相位时差不应大于所用采样时间间隔的一半。
d) 通频带为0.5 Hz～4000 Hz,天然源面波仪通频带为0.2 Hz～4000 Hz。
e) 仪器应具有频响与幅度一致性的自检功能。
f) 放大器内部噪声不大于1 μV,无前放增益时,放大器内部噪声和直流漂移均不大于4 μV。

6.4.6 检波器

检波器的选择应符合下列要求:
a) 宜采用垂直方向的速度型检波器,微动勘探应采用低频、高灵敏检波器。
b) 检波器各道之间自然频率允许偏差为±10%,灵敏度允许偏差为±10%,相位差允许偏差为±1 ms,电阻值允许偏差为±10%,阻尼系数允许偏差为±10%。
c) 绝缘电阻不小于10 MΩ。
d) 井下和水下使用的检波器,应有良好的防水性能。

6.4.7 数据采集

6.4.7.1 弹性波法探测数据采集,应符合DZ/T 0170、CJJ/T 7的要求。

6.4.7.2 弹性波法的主动源进行生态地质探测时,宜采用小道间距、高频震源激发、多次覆盖观测系统等方式进行数据采集。

6.4.8 数据处理和解译

6.4.8.1 弹性波法探测数据处理和资料解译,应符合 DZ/T 0170、CJJ/T 7 的要求。

6.4.8.2 弹性波法探测资料解译和综合分析应充分结合生态地质调查的要求进行,应符合 DD 2019－09 的规定。

6.5 测井法

6.5.1 方法选择

测井法包括电测井、弹性波测井、电磁波测井等。可用于钻孔中测定相关物性参数、岩体完整性,区分岩性,划分地层等。

6.5.2 基本要求

测井工作应满足下列基本要求:
a) 井中探测的井下设备应耐压、抗震且防水。
b) 仪器设备的绝缘性能应符合下列规定。地面仪器之间及其对地、绞车集流环对地、供电电源对地的绝缘电阻应大于 10 MΩ;电缆缆芯对地、电极系各电极之间、井下仪器线路与外壳之间的绝缘电阻应大于 2 MΩ。
c) 测井电缆深度标记间隔应与深度比例尺相适应,长度相对误差不应大于 0.2%。
d) 连续测井方法在记录测井曲线时,电缆的升降速度应保持恒定,升降速度应保证深度准确、数据清晰。

6.5.3 电测井

6.5.3.1 电测井可用于测定地层和地下水的电性参数,确定含水层位置和厚度,区分淡水和咸水,测量钻孔中含水层之间的联系等。

6.5.3.2 电测井的电极装置、电极距应根据探测任务要求和不同测区的地球物理条件,经试验后确定。

6.5.4 弹性波测井

6.5.4.1 弹性波测井可用于测定岩土层的纵波速度、横波速度和岩体的完整性、风化程度。

6.5.4.2 波速测试可根据现场条件选择地面激发-井中接收、井中激发-地面接收或井中激发-井中接收的工作方式。

6.5.4.3 测试横波时,接收探头应贴井壁,应进行正反方向激发,同一测点接收探头不得旋转、移位。

6.5.5 电磁波测井

6.5.5.1 电磁波测井可用于单个钻孔中划分地层、区分含水层,也可确定钻孔岩层中裂隙、溶洞、松散层的位置等。

6.5.5.2 电磁波测井可使用测井探头或天线系统,并应具有保持探头或天线系统紧贴井壁的装置。

6.5.5.3 现场工作时应根据地质地球物理条件和精度要求选择一个或多个工作频率,工作频率不宜小于 20 MHz。

6.5.6 数据处理和资料解译

6.5.6.1 测井法的数据采集、数据处理和资料解译,应符合 DZ/T 0070、DZ/T 0073、DZ/T 0081、DZ/T 0187、CJJ/T 7、DZ/T 0170 文件的要求。

6.5.6.2 测井资料解译和综合分析应充分结合生态地质调查的要求进行,应符合 DD 2019－09 的规定。

6.6 高精度磁法

6.6.1 生态地质的高精度磁法勘探，应符合 DZ/T 0071 的要求。

6.6.2 资料处理、资料解译和综合分析应充分结合生态地质探测的要求进行，应符合 DD 2019-09 的规定。

6.7 高精度重力法

6.7.1 生态地质的高精度重力法勘探，应符合 DZ/T 0171 的要求。

6.7.2 资料处理、资料解译和综合分析应充分结合生态地质探测的要求进行，应符合 DD 2019-09 的规定。

6.8 放射性测量法

6.8.1 生态地质的放射性勘探，应符合 EJ/T 363、EJ/T 605 的要求。

6.8.2 资料处理、资料解译和综合分析应充分结合生态地质探测的要求进行，应符合 DD 2019-09 的规定。

7 野外质量检查、评价与验收

7.1 原始资料的整理

7.1.1 班报记录的整理应按工区测线及施工排列的顺序整理装订成册，并在每册的封面注明单位名称、工区、测线号及施工排列的起始号和终止号、工作时间等。

7.1.2 记录数据的固体储存介质上应粘贴标签，标签上应标明序列号、测线号、日期、记录格式、记录长度、采样率等内容，并应与班报表相对应。

7.1.3 探测监视记录应按工区测线统一编录，装订成册。

7.2 野外质量检查

7.2.1 测区的观测质量以"系统检查观测"来评价。系统检查观测点一般应为测区总工作量的3%～5%，且不少于1个测点。在测区内和时间上随机选择，且大体均匀分布。在异常区段，对推断解释有意义的测点应重点检查。

7.2.2 系统检查观测应在原始观测完成之后，采取相同或不同仪器对于不同日期、相同测点进行重新布置并观测。

7.2.3 检查点的检查观测和原始观测，主要对比测点两次观测采用相同反演参数时的均方相对误差，来进行误差统计计算。项目质量检查对检查点的误差计算结果应编制检查点误差统计计算表，参见本附录B。

7.2.4 检查点的质量采用测点主要探测参数（X）的均方相对误差进行。设检查观测并参与统计的点数为 n，m_i 为第 i 个点的反演参数相对误差，均方相对误差 M 按公式（1）计算。

$$M = \pm \sqrt{\frac{1}{2n}\sum_{i=1}^{n}m_i^2} \quad \quad (1)$$

式中：

M——均方相对误差；

N——检查观测并参与统计的点数；

m_i——第 i 个点探测参数的相对误差。

7.3 野外质量评价

7.3.1 野外测点数据质量根据探测的方法充分结合生态地质探测的要求进行评价。

7.3.2 生态地质探测野外质量评价应符合 DZ/T 0070、DZ/T 0073、DZ/T 0081、DZ/T 0187、CJJ/T 7、DZ/T 0170 的要求。

7.4 野外质量验收

7.4.1 验收原始资料包括：
  a) 仪器标定或自检、一致性试验记录（含电子文档）。
  b) 野外观测班报记录。
  c) 各测点记录数据（U盘或硬盘等）。
  d) 测量数据（含电子文档），应符合 GB/T 18314 或 GB/T 39399 的格式要求。
  e) 质量检查点数据。
  f) 验收相关文件。

7.4.2 验收基础资料包括：
  a) 实际材料图。
  b) 各测点原始曲线图册。
  c) 各测线主要反演参数的断面图。
  d) 质量检查点误差统计表。
  e) 参数测定记录及统计表。
  f) 自检和内部验收意见。
  g) 野外工作小结。

8 报告编写

8.1 基本要求

8.1.1 报告的原始和基础性资料，应在外业数据和资料验收合格后使用。

8.1.2 报告的文字应叙述准确、完整、真实，图表清晰，结论与建议明确、合理。

8.1.3 报告编写应依据下列资料：
  a) 项目任务书。
  b) 项目任务书变更和工作调整批复意见书。
  c) 设计书、设计审查意见书、设计审批意见书。
  d) 野外验收意见书。
  e) 其他有关的技术规范和技术标准。
  f) 野外实测数据、资料处理解释及综合研究成果。

8.1.4 报告编写要求及程序应包含下列内容：
  a) 全面完成了任务书的工作任务，并通过了野外验收后方可编写成果报告。
  b) 为了满足异常定性、定量解释需要，进行物性参数测定后，方可进行报告编写。

c) 报告编写前对数据应进行必要的数据处理,数据处理软件应是经过行业认可的软件。
d) 报告附图的制图软件应采用成果资料汇交指定的制图软件。
e) 报告编写要收集、采用最新的地质成果资料,并对其质量可靠性进行认真评估,确认其是否合格,不合格的资料不能用于成果报告的编写。
f) 报告中的技术符号应符合 GB/T 14499 的要求。
g) 报告编写应充分运用新理论、新技术、新方法、新观点。
h) 成果报告应根据各方法要求的格式进行编写。

8.2 报告

8.2.1 序言

报告序言包括下列内容:
a) 概况:简述项目的来源、项目的性质和生态地质任务;测区的自然地理及经济地理概况。
b) 工区位置、前人工作程度:测区交通位置图、场地范围、测网位置、剖面方位、障碍物或干扰情况;测区以往的地质及物探工作程度,以及对这些工作的评价。
c) 工作完成情况:使用的主要仪器设备;野外施工过程;野外工作起始时间;完成的野外勘查总工作量;本次主要探测成果等。

8.2.2 生态地质及地球物理特征

工区的生态地质、地层岩性、构造特征,应详细描述与工作任务有关的内容;工区的物性特征;结合工区的地质特点,分析勘查目标体及各种地层、构造等在观测结果中的反映,建立推断解释正演模型。

8.2.3 野外工作方法技术和质量评价

工作中采用的仪器设备、方法技术、方法试验、数据采集的工作情况,阐述方法技术的合理性和所取得资料的可靠性与精度。描述野外工作质量措施,说明质量检查方法、检查工作量、分布等,并根据检查结论及其他资料说明野外工作的完整性、可靠性、精确性等情况。

8.2.4 资料处理方法

资料处理方法有原始资料整理、数据预处理方法、反演方法和图件编绘等。

8.2.5 解释推断

描述资料解释发现的参数异常,说明其特征;结合生态地质特征,综合地质解释、分析地球物理场异常,阐明引起异常的地质现象或原因,编绘成果图;讨论解释推断结果的可靠程度以及定量解释结果的精确程度。

8.2.6 结论与建议

论述生态地质探测取得的各项结论和成果,说明其中存在问题的原因;提出本区下阶段地质工作、物探工作、异常查证的建议,说明这些工作的意义、具体任务、方法手段、工作范围及应注意的问题。

8.3 图件、附件及附表

报告主要图件、附件及附表包括:
a) 勘查实际材料图。
b) 仪器设备一致性检查资料。
c) 综合解释推断剖面图。

d) 探测点实测特征曲线图。
e) 测线主要参数剖面。
f) 物性资料收集和测定说明。
g) 质量检查点误差统计计算表。
h) 其他附件。

8.4 资料汇交

成果报告通过评审后,对其进行修改,将正式的成果报告和资料汇交有关部门存档。

附录 A
（资料性）
生态地质探测方法选择

表 A.1 给出了文件中探测方法与应用范围的推荐方法或可选方法。

表 A.1 生态地质探测方法选择

探测方法		应用范围				
		地层结构				地质构造
		风化层厚度、分布、垂直分带	第四系覆盖层结构、厚度	古地貌（古河道、古潜山、古冲积扇）	基岩面埋深及起伏形态、基岩地层结构	断裂、破碎带、裂隙发育带
直流电法	电测深法	○	○		○	●
	电剖面法	○	○	○	○	○
	高密度电阻率法	●	●	●	●	●
	自然电场法					
	充电法					○
	直流激发极化法	○			○	○
电磁法	电磁测深法		○		○	●
	电磁剖面法		○		○	●
	瞬变电磁法		○		○	●
	地质雷达法	●	●		●	●
	地面核磁共振法					
弹性波法	反射波法	●	●	●	●	●
	折射波法					○
	直达波法（透射波）	●	●		●	○
	面波法（瞬态、微动）	●	●		●	○
高精度磁法						○
高精度重力法		○	○		○	○
放射性测量法						●
测井法	电测井	○	○		○	○
	电磁波测井	○	○		○	○
	弹性波测井	○	○		○	●
	井间层析成像	○	○		○	●
	其他测井			○		○

注：●推荐方法；○可选方法。

表 A.1 生态地质探测方法选择(续)

探测方法		应用范围						
		地质环境、灾害					地下水	
		滑坡	地面塌陷、地面沉降、地裂缝、崩岸	堤坝渗漏、坝体水位	采空区、地下洞穴	岩溶发育带与土洞分布	含水层结构、岩性、埋深、厚度	含水破碎带
直流电法	电测深法						●	●
	电剖面法	○	○		○	○	○	○
	高密度电阻率法	○	●	●	●	●	●	●
	自然电场法			●				●
	充电法	○				○		
	直流激发极化法	○						●
电磁法	电磁测深法				○		○	○
	电磁剖面法				●		○	○
	瞬变电磁法				○			
	地质雷达法	●	●	●	●	●	○	○
	地面核磁共振法						○	●
弹性波法	反射波法				●	●		
	折射波法	○	○		○	○	○	○
	直达波法(透射波)	○	○		○	○	○	○
	面波法(瞬态、微动)	○	○		○			
高精度磁法		○	○		○			
高精度重力法		○	○		○	○		
放射性测量法		●	●		●	●		
测井法	电测井			○	○	○		○
	电磁波测井				●	●		
	弹性波测井				●	●		
	井间层析成像	○		○	●	●		
	其他测井	○						○

注:●推荐方法;○可选方法。

表 A.1 生态地质探测方法选择(续)

探测方法		应用范围				
		地下水				地表水域
		地下水流向、与地表水联系	岩溶裂隙水、地下暗河	相对富水带	地下水污染	水底地形、地层结构、隐伏断裂
直流电法	电测深法					
	电剖面法	○			○	○
	高密度电阻率法	●	●	○	○	●
	自然电场法	●				
	充电法	●	●			○
	直流激发极化法		●	●		○
电磁法	电磁测深法					
	电磁剖面法		○			○
	瞬变电磁法		○			
	地质雷达法		○			●
	地面核磁共振法	●	●	●		
弹性波法	反射波法					●
	折射波法					○
	直达波法(透射波)					○
	面波法(瞬态、微动)					
高精度磁法						
高精度重力法		○				
放射性测量法						
测井法	电测井	○		○		
	电磁波测井		○			○
	弹性波测井		○			○
	井间层析成像		○			○
	其他测井	○	○		○	
注:●推荐方法;○可选方法。						

附录 B
（资料性）
生态地质探测误差统计计算表

表 B.1 给出了文件中生态地质探测误差统计计算表。

表 B.1 生态地质探测误差统计计算表

工区：　　　　　　　　　　测线：　　　　　　　　　　测点：

深度(m)/ X 相关参数	X			X			备注
	原始观测 X	检查观测 X	相对误差 M_{i1}	原始观测 X	检查观测 X	相对误差 M_{i2}	
均方相对误差 或均方误差 (M)							

计算者：　　　　　　　　　　　　　　　　　　　　检查者：

　　　　　　　　　　　　　　　　　　　　　　　　　年　月　日